Franz-Josef Bettag

Malen mit Filzstift und Marker

STABILayout
65
WATER-BASED - ODORLESS
WASSERBASIS - GERUCHLOS
A BASE D'EAU - INODORE

Franz-Josef Bettag

Malen mit Filzstift und Marker

Material - Techniken
Schritt-für-Schritt-Anleitungen

Augustus Verlag

Inhalt

Vorwort

Marker und Filzstifte waren lange Zeit vor allem bei Grafikern und Illustratoren beliebt, die sie zum schnellen Layouten und Malen verwendeten. Die Stifte waren jedoch teuer und hatten einen entscheidenden Nachteil gegenüber anderen Farben: Die Lösungsmittel, die der Farbe beigemischt waren, konnten auf Dauer zu gesundheitlichen Schäden führen. Deshalb schätzten die Künstler diese Malwerkzeuge nicht besonders.

Seit einigen Jahren werden Marker und Filzstifte aber mit umweltfreundlichen alkohol- und wasserlöslichen Farbstoffen hergestellt. Damit hielten sie Einzug in verschiedene künstlerische Techniken und wurden gerade bei Freizeitkünstlern ein beliebtes Skizzeninstrument.

Die Einsatzmöglichkeiten für Marker sind schier unbegrenzt. Gerade in Verbindung mit aquarellähnlichen Techniken können eigenständige Werke entstehen, die durch ihren besonders intensiven Farbcharakter verblüffen.

Ich selbst kam eher durch Zufall an diese außergewöhnliche Technik. Bei einem Urlaubsaufenthalt hatte ich meine Malutensilien vergessen, und in der näheren Umgebung gab es kein Geschäft, in dem ich Material kaufen konnte. So mußte ich notgedrungen auf das zurückgreifen, was der Supermarkt am Ort anbot. Darunter war auch ein Sortiment wasservermalbarer Filzstifte für Kinder. Sehr bald merkte ich, daß man damit schnelle Skizzen anfertigen und aquarellähnlich ausmalen konnte. Mittlerweile benutze ich diese Technik immer dann, wenn es schnell gehen soll. Skizzen und Entwürfe können in Minuten in Farbe umgesetzt werden. Über Skizzen und Farbstudien für spätere Gemälde hinaus kann man aber auch eigenständige Bilder entwerfen und die Farben für experimentelle Techniken verwenden.

Ziel dieses Buches ist es, Sie mit den notwendigen Materialien und Techniken bekannt und vertraut zu machen. Ich möchte Sie in die Praxis des Malens mit Markern und Filzstiften einführen und lege dabei besonderen Wert auf die verschiedenen malerischen Techniken. Ich habe versucht, die Schritt-für-Schritt Übungen so einfach wie möglich zu halten.

Die Bildbeispiele sollen dem Amateur, wie auch dem Profi als Anleitung und Inspiration für eigene Bilder dienen.

Ich wünsche Ihnen viel Erfolg und Freude am eigenen kreativen Arbeiten mit Filzstiften und Markern.

Franz-Josef Bettag

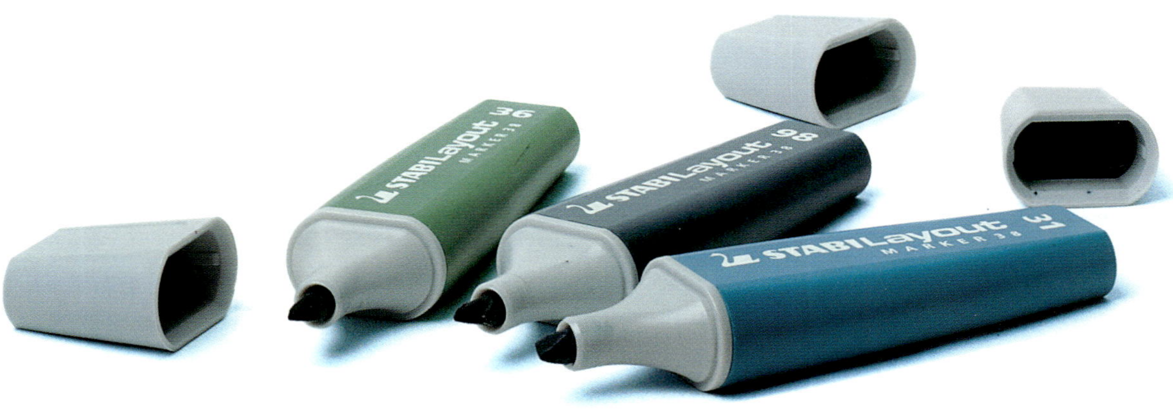

Die Farben

Schon 1930 gab es im Grafik-Design-Bereich die ersten zaghaften Versuche, Filzstifte zu entwickeln. Die Idee, malen zu können, ohne einen Pinsel in Farbe tauchen zu müssen, war geboren. 1962 gelang es den Japanern, die ersten brauchbaren Filzstifte mit feiner Spitze herzustellen.

Zwei Jahre später begann der Siegeszug der Marker, mit denen man, wie der Name schon verrät, etwas markieren konnte.

Die ersten Marker waren keine Zeicheninstrumente, sondern man benutzte sie vor allem zur Beschriftung im Büro. Die Stifte wurden ausschließlich in den Farben Schwarz, Rot, Blau und Grün angeboten. Im Jahre 1968 lieferte der Handel die ersten Marker zum Zeichnen aus. Anfangs gab es nur die Grundfarben zu kaufen, doch schon bald boten die meisten Hersteller eine große Farbpalette an.

Übrigens ist der Name „Filzstift" etwas irreführend. Nicht die Spitze war aus Filz, sondern das Farbreservoir des Stiftes.

Zunächst wurden die Spitzen aus Balsaholz hergestellt. Heute benutzt man dafür einen widerstandsfähigen Kunststoff, meistens Polyester oder Nylon, der die Farbe sehr leicht aufnehmen und wieder abgeben kann.

In kürzester Zeit entdeckte die Werbebranche die gestalterischen Möglichkeiten der Marker. Die schnelle Skizze, das „Scribble", war geboren. Mit den Markern konnte man ohne großen Zeitaufwand eine Idee farbig ausarbeiten und den Kunden vorlegen.

Lange Zeit war die Nutzung der Marker dieser Branche vorbehalten und speziell in Künstlerkreisen wurden die Farben wegen ihres hohen Lösungsmittelgehaltes gemieden.

Erst in jüngerer Zeit besannen sich die Hersteller auf umweltverträglichere Produkte, und so gibt es heute glücklicherweise nur noch zwei Produktgruppen am Markt: wasserlösliche oder alkoholhaltige Farben, die man ohne Bedenken jedermann empfehlen kann.

Sorten und Eigenschaften

Bei der Wahl des richtigen Markers muß der Anwender zwischen wasserlöslichen oder alkoholhaltigen Farben unterscheiden. Die alkoholhaltigen Farben trocknen wasserfest auf und zeichnen sich durch hohe Farbbrillanz aus. Die wasserlöslichen Farben bleiben auch nach dem Trocknen wasserlöslich und können deshalb für unterschiedliche Techniken verwendet werden. Es gibt mittlerweile eine Vielzahl von unterschiedlichen Produkten. Die Form und der Farbinhalt ist von Marke zu Marke verschieden.

Ebenso unterscheiden sich die angebotenen Farbtöne. Es gibt Marker mit 40 Grundtönen und andere mit einer Tonskala von über 150 unterschiedlichen Farben. Beschränken sich einige Hersteller auf das Angebot von Filzstiften für den Altagsgebrauch, so bieten andere ein ausgeklügeltes Farbprogramm für Grafiker an, das auch für Hobbykünstler interessant sein dürfte.

Die klassische Form der abgeschrägten Malspitze ist im Handel am häufigsten zu finden. Mit ihr lassen sich große Flächen ebenso ausführen wie feine Striche.

Ganz im Gegensatz dazu kann man mit der pinselförmigen Spitze fast alle Maltechniken realisieren. Große Flächen und feine Details können ohne Probleme verwirklicht werden. Das Arbeiten mit diesen Produkten kommt dem Malen mit einem Pinsel sehr nahe und ist weniger gewöhnungsbedürftig als der Gebrauch der abgeschrägten Spitze.

Marker mit feinen, dünnen Spitzen wurden für das Schreiben entwickelt. Sie können beim Malen nur für Details und feine Striche verwendet werden. Im Fachhandel nennt man sie auch Tinten- oder Faserschreiber.

Die richtige Farbauswahl

Wenn Sie sich mit dieser Technik näher befassen, stellen Sie sich spätestens beim Kauf die Frage: Welche Marke und welche Farbtöne brauche ich als Anfänger? In der Regel werden Sie mit weniger Farbtönen auskommen, als Sie denken. Die meisten Motive kann man mit einer relativ kleinen, aber dafür sorgsam ausgewählten Farbpalette bewerkstelligen, meist reichen schon 32 Farbtöne aus. Wichtig ist, daß diese sinnvoll aufeinander abgestimmt sind. Weitere Farbtöne können Sie dann immer noch nachkaufen.

Welche Farbtöne?

Bei einem Angebot von über 150 verschiedenen Farben gestaltet sich die Wahl der richtigen Grundtöne sehr schwierig. Sie werden erst in der Praxis feststellen, welche Farben Sie tatsächlich benötigen. Schnell werden Sie merken, daß die Farbtöne der Marker und Filzstifte nicht mit denen übereinstimmen, die Sie für andere Techniken, wie Öl- oder Aquarellmalerei verwenden.

Die Farbtöne sind transparenter und werden zum Teil durch Mischungen erzeugt. Die meisten Hersteller bieten sogenannte Anfängersets mit einem Grundsortiment an. Diese Sortierungen kann ich Ihnen nicht uneingeschränkt empfehlen. Die darin zusammengestellten Farben sind meist zu lebhaft und lassen ein vernünftiges Arbeiten nicht zu. Am besten stellen Sie sich eine Anzahl Pastelltöne zusammen und ergänzen diese mit den kräftigeren Farben Ihrer Lieblingsthemen, wie z. B. Grüntöne für Landschaftsmotive oder Hautfarben für Porträts. Bei Ihrem selbst zusammengestellten Sortiment dürfen Grautöne natürlich nicht fehlen.

Sie werden zum Abschatten (=Abdunkeln verschiedener Farbpartien) benötigt. Es gibt zwei Varianten von Grautönen: warme Grautöne mit rötlichem Schimmer und kalte Grautöne mit bläulichem Schimmer.

Leider benutzen alle Hersteller ihre eigenen Farbnamen und -nummern. Es ist daher fast unmöglich, eine genaue Farbskala anzugeben. Den Farbkarten der Hersteller sollten Sie grundsätzlich mißtrauen. Sie geben nie den genauen Farbton wieder und weichen in einigen Fällen sogar erheblich davon ab.

Ihre eigene Farbkarte

Hier sind die gebräuchlichsten Farbtöne abgebildet, an denen Sie sich beim Kauf orientieren können. Alle Motive in diesem Buch lassen sich mit diesen Farbtönen nacharbeiten. Jede Farbnuance besteht aus untereinander abgestimmten Tonwerten, die zu weiteren Farbwerten gemischt oder übereinandergemalt werden können. Bei näherer Beschäftigung mit dieser Technik werden Sie sehr schnell Ihre eigene Farbtonskala entdecken und können diese beim Nachkaufen berücksichtigen. Außer den Grundtönen bieten alle Hersteller zusätzlich noch bestimmte Grautöne an, die man als warme und kalte Töne (cool/warm grey) bezeichnet. Sie eignen sich zum Abtönen klarer Farben und erleichtern das Anlegen von Schatten.

Tip

Die Farbe der Marker und Filzstifte verflüchtigt sich sehr schnell, deshalb ist es ratsam, die Stifte immer gleich nach Gebrauch zu verschließen. Von Wärmequellen jeglicher Art sollten sie ferngehalten werden. Eingetrocknete Stifte können durch Wasser oder Alkohol wieder brauchbar gemacht werden, vorausgesetzt, sie lassen sich öffnen. Achten Sie deshalb beim Kauf auf eine Nachfüllmöglichkeit.

Das Papier

Wie bei allen anderen Techniken auch, entscheidet der richtige Maluntergrund über Gelingen oder Mißerfolg eines Bildes. Papier ist nicht gleich Papier! Dies gilt besonders bei der Verwendung von Markern und Filzstiften.

Die Papierhersteller waren von Anfang an bemüht, spezielles Papier für die Markertechnik zu entwickeln. Die Farben durften darauf nicht ausbluten, es mußte Farbe aufsaugen und sollte ein wenig transparent sein. Außerdem sollte die Markerspitze leicht über die Oberfläche gleiten. Deshalb mußte das Papier glatt sein und durfte keine Struktur besitzen.

So entstand ein Spezialpapier, das im Handel unter den Bezeichnungen „Layoutpapier", „Markerpapier" oder „Skizzenpapier für Marker" erhältlich ist. Da dieses Papier mit einer Stärke von ca. 75g/qm sehr dünn ist, muß man vorsichtig damit umgehen. Es kann nur in klassischer Markertechnik (z.B. als Scribble) bemalt werden und läßt keine Experimente zu. Deshalb begann ich mit verschiedenen Papiersorten zu experimentieren und fand heraus, daß sich auch noch andere Papiere für die Markertechnik eignen.

Aquarellpapier z.B. ist sehr robust und verträgt sich gut mit den flüssigen Markerfarben. Gerade die wasserlöslichen Farben können auf diesem Papier gut mit verschiedenen Aquarell-Techniken kombiniert werden. Die in diesem Buch gezeigten Abbildungen sind zum größten Teil auf Aquarellpapier gemalt.

Bristolkarton kann für die Markertechnik ebenfalls genutzt werden. Seine Oberfläche ist glatt und schwach saugend. Die Farben laufen darauf nicht aus, was z. B. Techniken wie die Pastellübermalung oder Acryluntermalung möglich macht.

Empfehlenswerte Aquarellpapiere

Montval von Canson 300g/qm
Goya Aquarellblock 200g/qm
Aquarellpapier - rauh 250g/qm von Schleicher und Schuell
Artistico von Fabriano
Zerkall-Aquarellbütten

Natürlich können Sie auch andere Papiersorten verwenden. Probieren Sie Ihre Filzstifte und Marker einfach auf den verschiedenen Sorten aus. Sie werden sehr schnell ein Papier bevorzugen. Verwendbar sind auch sogenannte Kupferdruckpapiere, die in verschiedenen Stärken im Handel erhältlich sind.

Vorbereitung zum Malen

Da man die Farben unmittelbar auftragen kann, also keine Vorabmischungen benötigt, müssen genügend Marker mit verschiedenen Farbtönen vorhanden sein. Ich empfehle Ihnen, sich eine eigene Farbmusterkarte zu erstellen, auf die Sie raschen Zugriff haben.

Die verschiedenen Töne sollten Ihnen vertraut sein, damit Sie zügig arbeiten können. Gewöhnen Sie sich ein Ordnungsprinzip an, bei dem der Zugriff fast blind möglich ist. Das Suchen nach einem bestimmten Farbton kann sonst zu einem zeitraubenden Problem werden.

Sie können auf einem flachen Tisch oder an einer Staffelei arbeiten. Die meisten Grafiker und Künstler bevorzugen eine ebene Arbeitsfläche, weil man den Marker dann senkrecht zum Papier führen und somit die Tinte gleichmäßig auftragen kann.

Achten Sie wie bei allen anderen Maltechniken auch auf gute Beleuchtung. Tageslicht läßt die Farben klarer und frischer wirken. Bei Kunstlicht erscheinen die Farbtöne oft grau oder gelblich.

Beim schnellen Arbeiten kommt es immer wieder vor, daß die Malspitze schmutzig wird. Eine helle Farbe kann dann eine dunkle anlösen und gibt beim nächsten Strich den verschmutzten Farbton auf das Papier ab. In einem solchen Fall die Markerspitze sofort reinigen. Dies geht am einfachsten, wenn man die Spitze so lange auf einem Papier hin- und herwischt, bis der ursprüngliche Farbton zu erkennen ist.

Der Farbauftrag

Die Farbtypen im Vergleich

Farbe auf Alkoholbasis

Farbe auf Wasserbasis

Linienführung und Farbauftrag

Farbe auf Alkoholbasis: Alkohol als Bindemittel des Farbpigmentes verdunstet relativ schnell. Die Linienführung der Stifte ist dadurch sehr gleichmäßig. Mehrere Farbschichten übereinander intensivieren den Ton, Übergänge sind nicht mehr sichtbar.

Farbe auf Wasserbasis: Wasser als Fließ- und Bindemittel des Pigments verdunstet langsam. Die Farbe kann nur unregelmäßig auf das Papier aufgetragen werden. Bei mehrmaligem Übereinandermalen derselben Farbe wird der Ton dunkler. Bei zu vielen Farbschichten kann sich das Papier wellen oder lösen.

Mischfähigkeit und Farbtonveränderungen

Farbe auf Alkoholbasis: Legt man eine neue Farbschicht über eine bereits angetrocknete, mischen sich die Farbstoffe nicht mehr. Sie decken sich gegenseitig ab und der Farbton dunkelt nach. Eine Farb-tonveränderung kann nur durch Übereinandermalen oder dem Verdünnen der Farbe auf dem Papier erzeugt werden.

Farbe auf Wasserbasis: Die neu aufgetragene Farbschicht löst die darunterliegende auf und mischt sich mit der angetrockneten Farbe. Das beeinflußt das Erscheinungsbild der Farbe. Sie dunkelt nach oder der Ton verändert sich. Trägt man zuviele Farben übereinander auf, werden die Farben grau und schmutzig.

Lasuren und verschmolzene Farbflächen

Hintergründe und verschmolzene Farbflächen können also nur mit Markern auf Alkoholbasis wirklich mühelos angelegt werden. Marker auf Wasserbasis haben den Vorteil, daß man sie wesentlich besser für experimentelle Techniken einsetzen kann. Das Wasser beeinflußt den Farbauftrag. Man kann die Farben durch Verdünnen heller erscheinen lassen. Lasuren verschiedener Farbschichten lassen sich mit Farben auf Wasserbasis ebenfalls besser auftragen.

Tip

Die Verschlußkappen der Marker geben leider nicht die tatsächlichen Farbtöne an. Aus diesem Grund sollte man sich seine eigene Farbskala erstellen. Dazu streichen Sie jeden Farbton auf ein dünnes weißes Papier. Schneiden Sie einen Streifen aus und kleben Sie ihn auf die Verschlußkappe des Markers. So haben Sie den Originalfarbton immer griffbereit und müssen nicht mehr lange suchen.

Verschiedene Strichtechniken

Dünne Striche

Wenn man die Kante der Markerspitze benutzt, kann man damit auch sehr feine, dünne Striche ziehen.

Flächige Striche

Mit breiten Markerspitzen gelingen flächige Striche am besten. Diese Art des Farbauftrages eignet sich auch für deckende und großflächige Farbaufträge.

Pinselstriche

Mit pinselähnlichen Markerspitzen kann man verschiedene Strichtechniken nachahmen. Mit etwas Übung läßt sich solch ein Markerstrich kaum noch von einem Pinselstrich unterscheiden.

Beim Arbeiten mit Markern und Filzstiften werden Sie sehr schnell merken, daß es die unterschiedlichsten Techniken gibt, die Farbe auf den Untergrund zu bringen. Je nach verwendeter Malspitze, ob flach oder spitz, wird das Ergebnis unterschiedlich ausfallen.

Farbe auf Alkoholbasis trocknet sehr schnell und muß deshalb zügig verarbeitet werden. Mit einer dünnen Spitze kann man keine vernünftigen Flächen anlegen. Sie eignen sich nur für Details. Die breiten und pinselähnlichen Spitzen lassen dagegen alle Techniken zu.

Markerfarben verlaufen auf dem Papier sehr schnell. Läßt man die Malspitze zu lange auf einem Platz stehen, blutet die Farbe aus. Beim Scribble können solche Effekte in die Bildkomposition miteinbezogen werden, bei künstlerisch ausgereiften Themen stört ein amateurhafter Farbauftrag. Deshalb muß man mit den Markern immer zügig arbeiten. Wichtig ist dabei, daß man die gesamte Komposition im Kopf hat und das Bild in einem Arbeitsgang entstehen kann. Ebenso wichtig ist allerdings auch die Strichtechnik, die im Motiv immer wieder variieren kann.

Tip

Der Stift sollte locker in der Hand liegen, die Striche müssen schnell und gleichmäßig vom Körper weggezogen werden. Die Armfreiheit darf beim Arbeiten nicht eingeschränkt sein.

Der Parallelstrich

Der einmalige Farbauftrag oder Parallelstrich, von oben nach unten oder von rechts nach links, läßt Farbüberlappungen erkennen. Der Strich erscheint unregelmäßig und sehr grob, deshalb nennt man diese Malweise auch Fege- oder Bürstentechnik.

Verläufe

Verläufe lassen sich durch unterschiedliche Farbtöne erzielen, die naß-in-naß gearbeitet werden. Bei wasserverdünnbaren Markern kann dieser Effekt auch durch das Vermalen mit Wasser erreicht werden.

Die gleichmäßige Farbfläche

Eine ungebrochene, gleichmäßige Farbfläche erhält man durch mehrmaliges Übereinandermalen der gleichen Farbe. Sie wird dadurch auch intensiver und dunkler. Diese Technik nennt man Verschmelzen. Der Erfolg hängt allerdings vom guten Zustand des Markers und der geeigneten Papiersorte ab.

Das Scribble

Der Begriff „Scribble" kommt aus der Werbebranche und bezeichnet die Vorzeichnungen und Entwürfe im Layout. Sie dienen dazu, erste Farb- und Kompositionsentwürfe zu testen. Das Scribble war und ist keine dauerhafte Zeichnung. Es hat lediglich die Aufgabe, eine Bildidee mit einfachen Mitteln festzuhalten. Dabei verzichtet der Grafiker oder Layouter bewußt auf unnötige Details und läßt auch die Regeln der Technik weitgehend außer acht. Wichtig ist beim Scribble nur das Endergebnis. Aus diesem Grund wird das Scribble immer mit sparsamen Strichen auf dünnem Layoutpapier angefertigt.

Sie sind dieser Art der Darstellung sicherlich schon öfter begegnet. Gerade in der Modebranche sind solche skizzenhaften Zeichnungen üblich, die Designer üben sich so in der Darstellung neuer Muster.

In der Regel entwirft man die Skizze mit einem schwarzen Marker, der eine feine Zeichenspitze besitzt und koloriert diese Zeichnung je nach Bedarf aus. Das Scribble ist eine gute Vorübung für den Umgang mit Markern und Filzstiften. Deshalb möchte ich, bevor ich Ihnen weitere Techniken und Schritte vorstelle, einige Anregungen und Möglichkeiten aufzeigen, wie man mit dieser einfachen Technik arbeiten kann.

Figuren, die nicht in eine Szene oder ein Geschehen eingegliedert werden, also freistehend agieren, bekommen eine stärkere Gewichtung. Solche betonten Figuren kennen Sie aus der Modezeichnung, wo mit Markern einfache Strichzeichnungen koloriert werden, um einen ersten farblichen Eindruck eines Motives zu bekommen.

Beginnen Sie Ihre ersten Übungen mit einfachen Strichskizzen. Beschränken Sie sich auf wenige Farben, die Sie kolorierend einsetzen. Zum Üben können Sie Vorlagen aus Zeitschriften oder Katalogen verwenden. Auf Dauer ersetzt dies allerdings nicht das Studium am lebenden Objekt.

Die Körperhaltungen der Figuren stellen Sie mit wenigen Strichen dar. Die Strichstärke sollten Sie der Vorlagengröße anpassen. Dicke Striche wirken meist irritierend und zerstören den zeichnerischen Charakter des Motivs.

Von Hell nach Dunkel

Ähnlich wie bei der Aquarellmalerei beginnt man auch beim Malen mit Filzstiften und Markern mit den hellen Farbtönen und trägt zuletzt die dunkelsten auf. Würde man die Arbeit andersherum beginnen, könnte man die Transparenz der Farben nicht nutzen und würde der Farbe ihre Leuchtkraft nehmen. Aus diesem Grund sollte man mit den dunklen Farbtönen sehr vorsichtig umgehen. Wenn Sie sich nicht sicher sind, verwenden Sie lieber einen helleren Ton, den Sie immer noch mit einem dunkleren übermalen können.

Schritt-für-Schritt-Übung

Das Motiv zeigt, wie man mit wenigen Farben in kürzester Zeit ein befriedigendes Ergebnis erzielen kann. Um zu verdeutlichen, wie der Farbauftrag erfolgen sollte, wurde das Motiv ohne Hintergrund dargestellt. Die Glanzlichter und Spiegelungen sind ausgespart und durch den Grundton des Papiers ersetzt.

Material

Aquarellpapier „Montval" von Canson.
Farbtöne: Blaßrosa, Dunkelrosa, Mittelrot, Schwarz, Hellgrün, Olivgrün, Tannengrün, Hellblau und Mittelgrau.

1 Beginnen Sie mit einer Umrißzeichnung der dargestellten Szene. Die Bleistiftlinie sollte so blaß wie möglich sein. Verwenden Sie die hellen Grundfarben zuerst: Blaßrosa oder helles Rot für die Blume. Hellgrün für die Blätter und Hellblau für den Blumentopf. Dunkle und weiße Stellen im Motiv werden ausgespart.

2 Nach dem Trocknen des ersten Farbauftrages lasieren Sie die mittleren Farbtöne über die hellen. Wichtig ist jetzt, daß die Schatten des Motivs angedeutet werden. Deutlich ist dieser Effekt an den Blumenkelchen und den Schatten des Blumentopfes zu erkennen. Bei den Blumen wird dieser Effekt mit einem mittelroten Farbton erreicht. Für die Blätter verwenden Sie Olivgrün, das Sie unregelmäßig auftragen.

3 Jetzt bekommt die Gesamtkomposition deutlich mehr Farbe. Lasieren Sie mit Hellgrün über das Hellblau des Blumentopfes. Ein dunkles leuchtendes Tannengrün schenkt den Blättern mehr Plastizität und Tiefe. Die Unterseite der Blumenkelche werden mit Dunkelrosa abgedunkelt. Achten Sie darauf, daß die weißen Stellen des Motivs nicht mit Farbe überdeckt werden.

4 Zum Abschluß setzen Sie die Schatten und Details mit schwarzer Farbe ein. Farbtöne, die zu hell und stumpf erscheinen, heben Sie durch das Übermalen mit einem dunklen Ton noch stärker hervor. So entsteht der Eindruck von Plastizität. Der weiße Grundton des Papiers stellt die Glanzlichter und Spiegelungen dar.

Das Anlegen von Flächen

Marker hinterlassen nach dem Trocknen leider mehr oder minder sichtbare Streifen in der Farbfläche. Gleichmäßige Farbtöne sind nur sehr schwer zu erzielen. Suchen Sie sich deshalb kontrastreiche Motive aus und meiden Sie zarte, abgestufte Farbflächen. Im vorigen Kapitel haben Sie den einfachen Farbauftrag in der Fege- oder Bürstentechnik erlernt. Jetzt lernen Sie eine zweite, aber sehr wirkungsvolle Kolorierungstechnik kennen: das Verschmelzen der Farbe zu einer geschlossenen Farbfläche. Bei der Fege- oder Bürstentechnik erkennt der Betrachter immer noch die Auftragsspuren des Markers. Durch das Verschmelzen wird ein gleichmäßiger Farbauftrag erreicht. Dazu setzt man den Marker wie einen Pinsel ein und zieht ihn rasch über der Fläche hin und her.

Für ein brauchbares Ergebnis ist es wichtig, daß die übermalte Fläche schnell mit Farbe bedeckt wird, damit diese auf dem Papier fließen kann und nicht eintrocknet.

Geben Sie nicht gleich auf, wenn es nicht sofort gelingt. Mit ein wenig Übung erhalten Sie ein Ergebnis, das sich sehen lassen kann. Damit Sie eine einwandfreie Farbfläche erhalten, darf der Marker noch nicht zu alt sein. Die Farbe muß gut aus der Malspitze fließen, um das Papier durchtränken zu können. Kratzt die Markerspitze auf dem Papier, und ist der Strich nicht mehr so dick wie bei einem neuen Marker, sollten Sie ihn für diese Arbeiten nicht verwenden.

Die besten Ergebnisse erhalten Sie auf einem schwach saugenden Aquarellpapier mit Markern auf Alkoholbasis. Mit Ihnen kann man ähnlich wie mit Farbe und Pinsel mehrmals über eine Fläche malen. Die Farbe wird in diesem feuchtem Zustand gut verteilt und deckt die Fläche schnell ab. Beschränken Sie sich bei dieser Technik auf kleine Formate. Große Flächen würden vor dem Überarbeiten der ersten Schicht bereits antrocknen und die Streifen der Markerspitze bleiben sichtbar.

Um eine verschmolzene Farbfläche zu erhalten, muß das Papier regelrecht mit Farbe durchtränkt sein. Deshalb müssen Sie den Marker mehrmals von links nach rechts oder von oben nach unten über das Papier ziehen. Nach dem Trocknen darf kein Einzelstrich mehr zu erkennen sein.

Schritt-für-Schritt-Übung

Die Technik des Verschmelzens

Das Porträt eines jungen Mädchens schien mir ideal zum Einüben dieser Technik, da die Anlage der Farbtöne in der Fläche sehr einfach ist. Das Verschmelzen der Farbe kann auch ein Anfänger ohne Probleme nachvollziehen. Die Kontraste auf dem Gesicht sind nicht zu schwach und nicht zu stark. Die Farbauswahl ist reduziert, das macht das Nacharbeiten einfacher. Benutzen Sie Aquarellpapier, das hält die Farbe länger feucht.

Material

Aquarellpapier „Montval" von Canson
Farben: Mittelgrau, Braun, Orange, Fleischfarbe hell, Fleischfarbe rötlich, Mittelrot, Schwarz und Dunkelbraun.

1 Der erste Schritt ist die Herstellung einer Umrißzeichnung mit einem Bleistift. Dieser sollte nicht zu weich sein, damit er nicht verwischt wird. Umrisse und Gesichtszüge des Kopfes müssen gut zu erkennen sein. Widerstehen Sie der Versuchung, zu viele Details hinzuzufügen. Diese werden anschließend mit dem Marker übermalt und können die spätere Bildwirkung stören.

2 Beginnen Sie mit den hellsten Farbtönen. Zuerst malen Sie den Hut mit einem Mittelgrau flächig aus. Danach tragen Sie mit Fleischfarbe hell die gesamte Fläche von Gesicht und Händen streifenfrei auf. Durch mehrmaliges Naß-in-Naß-Übereinandermalen wird die Fläche geschlossen. Den Pullover des Mädchens malen Sie in unregelmäßigen Strichen mit brauner Farbe an. Die Augen, den Mund und die später noch dunkler werdenden Bildpartien sparen Sie aus. Hier bleibt vorerst das Weiß des Papiers unberührt stehen.

3 Sobald der erste verschmolzene Farbauftrag trocken ist, malen Sie mit schwarzer Farbe Augen, Nasenlöcher, Augenbrauen und Mundwinkel in das Gesicht. Die Schatten im Gesicht und auf den Händen erhalten Sie mit Fleischfarbe dunkel. Bereits in dieser frühen Phase läßt sich die Plastizität des Gesichts und der Hände erkennen. Die Struktur des Pullovers kann durch mehrmaliges Übereinandermalen derselben Farbe verändert werden.

4 *Mit Orange malen Sie weitere Schatten durch Verschmelzen in das Gesicht und auf die Hände des Mädchens. Verzichten Sie dabei auf weiche Farbübergänge.*

5 *Bei diesem Schritt können Sie deutlich erkennen, daß man Schatten nicht mit schwarzer Farbe, sondern mit einem dunklen Ton aus der Farbtonpalette, hier z. B. Dunkelbraun, erzeugt. Schwarz würde die Kontraste so verstärken, daß der Blick des Betrachters allein auf den dunklen Stellen liegen würde. Die Spitzlichter in den Augen und weitere hellere Überarbeitungen tragen Sie mit weißer Gouache auf.*

Struktur und Stofflichkeit

Strukturen vermittelt man mit der Markertechnik durch reduzierte Motivkürzel, die auf die Beschaffenheit der Oberfläche hinweisen. Die gezeigten Beispiele beschränken sich auf neutrale Formen und Flächen, an denen Sie bestimmte Stofflichkeiten erkennen können.

Wie Sie sehen, habe ich mich auf das Charakteristische und Typische bestimmter Stoffe konzentriert. Natürlich ist es einfach, Holz anhand eines Baumes darzustellen, aber wesentlich schwerer, Holz in Form eines Brettes zu zeigen. Eine Fläche aus Sand ist nicht so schwer zu malen, wie eine mit Steinen. Wenn Ihnen diese einfachen Übungen gelingen, ist der nächste Schritt, Material am konkreten Objekt darzustellen, ein leichtes.

„Alter Baum in der Landschaft" 25 x 37 cm

Durch verschiedene übereinanderliegende Striche und Schraffuren entstand ein lebendig wirkender Baumstamm, dessen Unebenheiten in der Rinde durch Schwarz verstärkt wurden.

Natursteine

Steine kann man in vielen Varianten darstellen. Am häufigsten findet man Natursteine, die eine unregelmäßige Textur bilden. Solche Motive finden Sie noch an alten Häusern oder Gehöftmauern. Für diese Ausführung benötigt man drei Farben. Auf eine gleichmäßige helle ockerfarbene Farbfläche werden die Konturen und Zwischenräume der Steine mit einer dunklen Farbe aufgemalt. Die Schatten fügt man mit einem hellen und dunklen Braun hinzu.

Ziegelsteine

Eine weitere Variante zeigt die regelmäßige Textur, die mit der Breitseite des Markers in regelmäßigen Strichen gemalt wird. Die nötigen Zwischenräume können durch eine dunkle Farbe oder durch das Weiß des Papiers erzeugt werden. Durch das Übermalen des braunen Grundtones mit einer grauen Farbe erhalten die Steine weitere Plastizität.

Sand

Sand und Gestein lassen sich auf einfache Weise darstellen. Malen Sie einen flächigen Grundton in der Verschmelztechnik auf das Papier. In die noch nasse Farbe setzen Sie einen dunkleren Ton. Nach dem Trocknen ist die Farbe verlaufen und bildet eine Fläche. Jetzt können Sie mit einem schwarzen Marker die Steine aufmalen. Mit grünen oder grauen Tönen werden die Schatten eingesetzt.

Holz

Holz läßt sich auf vielfältige Weise darstellen. Ich zeige Ihnen hier eine Möglichkeit, die Sie schnell erlernen können. Legen Sie mit einem hellbraunen oder hellgrauen Marker eine unregelmäßige Fläche an. Nach dem Antrocknen ziehen Sie mit einem schwarzen Stift die Linien der Maserung. Darauf legen Sie mit einem warmgrauen oder rotbraunen Farbton die gewünschten Linien der Holzmaserung.

Gras

Die Darstellung von Gras sollte sich immer auf das Wesentliche beschränken. Am einfachsten beginnen Sie mit einem hellgrünen Farbton, den Sie in der Fläche verschmelzen. Malen Sie darauf mit Dunkelgrün einzelne Grashalme.

Wasser

Wasser kann man auf verschiedene Weise darstellen. Verschmelzen Sie einen hellblauen Farbton zu einer geschlossenen Fläche. Nach dem Trocknen malen Sie mit einem dunkleren Blauton verschiedene Spiegelungen auf diese Farbfläche.

Weitere Übungen sind möglich. Wählen Sie sich andere Objekte, wie Stoff, Glas oder Papier. Beschränken Sie sich beim Malen aber immer auf die wesentlichen Merkmale der vorhandenen Struktur.

Licht und Schatten

Damit eine Darstellung überhaupt Plastizität bekommt, müssen Sie Tonwertkontraste durch Licht und Schatten darstellen. Der Lichteinfall muß gleichbleiben und darf innerhalb eines Objektes nicht wechseln. Die plastische Wirkung steigt, je stärker der Helligkeitskontrast ausfällt.

Der geübte Maler achtet immer darauf, aus welcher Richtung das Licht kommt. Es bestimmt, wie das Motiv und die Gegenstände plastisch dargestellt werden und sich gegeneinander durch den Schattenfall beeinflussen. Licht läßt sich mit Markern entweder durch verschiedene Farbwerte oder durch Grautöne erzeugen.

Licht

Lichtreflexe werden in der Regel immer weiß dargestellt. Dies geschieht durch Aussparen und Stehenlassen des weißen Papiers. Nur in Ausnahmefällen, bei diffusem Licht oder einer farbigen Lampe, können andere Farben dafür eingesetzt werden.

Die Farbe sollte aber immer dezent gesetzt werden. Grelle Töne verfälschen den gesamten bildlichen Charakter. Greifen Sie deshalb auf Farbtöne zurück, die Sie bereits kennen. Ohne Lichtreflexe erscheint ein Motiv in der Regel zu flach. Deshalb ist es so wichtig, das Licht von Anfang an in die Gesamtkomposition mit einzubeziehen.

Schatten

Bedingt durch die kräftige Farbe der Marker lassen sich nur harte Schatten in ein Motiv einsetzen. Diffuse, abgeschwächte Schattenreflexe sind nur mit Zusatztechniken und sehr viel Aufwand möglich.

Die Lichtsituation des Motivs bestimmt auch den Schatten. Ein Objekt wird, je nach Tageszeit, Stand der Sonne oder Lichtquelle, seinen Schatten von links, rechts unten oder oben erhalten. Gegenlicht wird das gesamte Objekt verdunkeln und sollte nach Möglichkeit vermieden werden. Diesen Effekt haben Sie sicherlich schon selbst beim Fotografieren beobachtet.

Die Farbe eines Schattens kann von hellen Grautönen bis zu tiefem Schwarz variieren. Je nach Tageszeit und einfallendem Licht erscheinen die Schatten eines Objektes in einem anderen Ton. Am Morgen erscheinen sie als rötlich bis gelblich schimmerndes Licht. Mittags bis abends tiefschwarz bis hellblau. Ein bewölkter Himmel taucht jede Szene in eine graue Stimmung. Kunstlicht kann von Gelb bis Rot variieren. Der Künstler kann aber auch Schattenfarben aus der eigenen Fantasie in seine Bildgestaltung mit einbeziehen.

Sie werden in den späteren Kapiteln immer wieder merken, wie wichtig Schattenreflexe und die dafür richtige Farbwahl sein können. Denn Bilder mit Marker wirken erst durch die Wechselwirkung von Licht und Schatten. Wenn Sie dies einmal nachvollzogen haben, können Sie sich auch an die nächsten Übungen wagen.

Übung

Zeichnen Sie mit einem schwarzen Filzstift auf ein Markerpapier 4 Kegel. Versuchen Sie dann die verschiedenen Lichtreflexe einzuzeichnen. Der erste Kegel stellt eine nichtspiegelnde Oberfläche dar. Der zweite zeigt eine glänzende Oberfläche. Der dritte gibt eine verchromte Oberfläche wieder und der vierte zeigt in vereinfachter Form eine Glasoberfläche.

Wie man mit Schattenreflexen und Hell-dunkel-Kontrasten umgeht, sollen Ihnen die folgenden Beispiele verdeutlichen.

Motiv 1 zeigt die Schatten bei diffusem Licht oder im Licht eines bewölkten Himmels. Die Farben der gesamten Komposition wirken zurückhaltend. Der Schatten ist durch das fehlende Sonnenlicht hell und grau. Deshalb werden hier nur pastellige Farbtöne verwendet und durch verschiedene Grautöne abgeschwächt.

Das Licht in der südlichen Mittagsonne spiegelt sich in dieser zweiten Motivariation wieder. Der Schatten ist tiefschwarz. Die Farben der Blumen sind kräftig und leuchtend. Die so entstandenen Farbkontraste verstärken die Komposition zusätzlich.

Ganz anders bei Motiv 3. Die Schatten sind blau gehalten. Die Farbtöne sind kräftig auf das leuchtende Blau abgestimmt. Die ganze Farbgebung vermittelt die Stimmung eines späten Sommernachmittags.

Die Reduzierung

Wie bei jeder Technik müssen Sie, wenn Sie erfolgreich sein wollen, einige Grundregeln beachten. Ähnlich wie beim Scribble, sollte sich die Bildgestaltung mit Markern und Filzstiften auf markante Motivkürzel beschränken, auf viele Details kann verzichtet werden.

So werden z.B. in Landschaftsmotiven Blätter, Äste oder Gräser, nur angedeutet, und bereits bei der Planung gilt es, das Motiv auf Helldunkel-Kontraste zu reduzieren.

Landschaften, Porträts und andere Motive wirken erst durch Licht und Schatten. Haben Sie das Zusammenspiel dieser beiden Komponenten im Motiv erfaßt, ist der Rest relativ leicht zu handhaben. Sie sollten sich bereits zu Beginn Ihrer Arbeit angewöhnen, die ausgewählten Motive mit Licht zu komponieren. Sie werden dann von selbst auf unnötige Details verzichten. Die Darstellung von Bäumen in Landschaften ist für die Reduzierung ein geeignetes Übungsbeispiel. Beschränken Sie sich bei dieser Übung auf die Bürst- oder Fegetechnik (s. Seite 17).

Material

Marker in verschiedenen Grüntönen und ein Markerpapier, auf dem sich die Farbtöne gut voneinander unterscheiden.

Schritt-für-Schritt-Übung 1

1 Die Umrisse des Motivs sind stark vereinfacht. Für diese Übung benötigen Sie drei Grüntöne: ein helles, mittleres und ein dunkles Grün. Beginnen Sie mit der hellsten Farbe und kolorieren Sie das Blattwerk in seinen Umrissen. Sie werden merken, daß bei mehrmaligem Übermalen mit dem gleichen Farbton das Grün nachdunkelt. Das Gras am Fuße des Baumes wird durch eine Reihe von unregelmäßigen Strichen angedeutet.

2 Verwenden Sie das mittlere Grün für die Schattenseiten der Blätter. Arbeiten Sie zügig und in unregelmäßigen Strichen in der Bürst- und Fegetechnik. Wie Sie sehen können wurde die Lichtseite nicht mit dem dunklen Grünton überarbeitet und bleibt unberührt stehen.

3 Den dunklen Grünton verwenden Sie für den Stamm und die Äste. Der Schatten des Baumes wird ebenfalls mit diesem Farbton gemalt.

„Landschaft" 23 x 34 cm

Der Baumbestand und die Vegetation lösen sich in diesem Motiv durch die grobe Malweise auf und vermitteln mit ihrer naiven Farb- und Formgebung den räumlichen Gesamteindruck der dargestellten Landschaft. Betrachtet man das Bild aus größerer Entfernung, verschmelzen die Details. Eine Abgrenzung findet nicht mehr statt. Die Licht und Schattenverhältnisse bestimmen die Plastizität und Tiefe des Motivs.

Schritt-für-Schritt-Übung 2

Diese leichte Übung zeigt eine reduzierte Landschaftszene. Zu erkennen sind ein Baum und ein Strauch. Die ganze Komposition basiert auf Helldunkel-Kontrasten. Die Farbauswahl beschränkt sich auf wenige Farben. Die Lichtreflexe und die Tiefenwirkung der Szene werden durch den weißen Grundton des Papiers erzeugt. Obwohl nur wenige markante Punkte zu erkennen sind, entsteht eine lebendige Szene.

Material

Aquarell- oder Markerpapier
Farben: Schwarz oder Dunkelgrau, Hellgrün, Dunkelgrün und ein helles Blaugrau.

1 *Malen Sie mit einem schwarzen Filzstift die Äste der Bäume und das Gestrüpp der Landschaftszene. Einzelne, willkürlich gesetzte Striche bilden die Akzente für spätere Schatten. Wie Sie erkennen können, ist die Komposition sehr grob skizziert. Auf Details, wie Blätter oder Grashalme, wurde bewußt verzichtet.*

2 *Mit dem hellen Grünton malen Sie jetzt das Gras und die Blätter. Setzen Sie die Striche zügig und unregelmäßig. Der Betrachter darf kein bestimmtes Muster darin entdecken können. Arbeiten Sie aus dem Bauch heraus und zögern Sie nicht beim Farbauftrag.*

3 Für die Schatten der Blattstrukturen benutzen Sie ein dunkles Grün. Setzen Sie auch hier die Striche zügig in der Fege- und Bürstentechnik (Striche von links nach rechts oder umgekehrt) auf. Nach diesem Schritt lassen sich sehr deutlich die verschiedenen Landschaftselemente erkennen. Durch die Hell-dunkel-Kostraste erhält das Motiv seine endgültige Tiefenwirkung.

4 Zum Abschluß erzeugt ein helles Graublau den farblichen Gegensatz zu den Grüntönen. Durch diesen Farbton werden auch die notwendigen Schattenreflexe in das Motiv eingesetzt. Bei dieser Übung können Sie bereits erkennen, daß das Wesensmerkmal des Malens mit Markern und Filzstiften auf der Schnelligkeit beruht. Mit relativ wenig Farben und geringem Zeitaufwand können eindrucksvolle Bilder realisiert werden, wenn man auf die Darstellung zu vieler Details verzichtet und sich auf das Wesentliche einer Szene beschränkt.

Andere Techniken

Daß die gekonnte Verwendung von Markern und Filzstiften sehr überzeugend wirken kann, wird wohl kaum jemand leugnen. Trotzdem bin ich der Meinung, daß sich ihre Wirkung in Verbindung mit anderen Techniken steigern läßt. Dabei lassen sich persönliche Stilrichtungen herausarbeiten, und Experimente können oft zu überraschenden Ergebnissen führen.

Die Veränderung der Farbe

Um eine aufgetragene Farbe zu verändern, reicht es schon, wenn man ein zweites Mal mit dem gleichen Ton darüberstreicht. Zum Abdunkeln der Farbtöne verwendet man neutrale Grautöne, die je nach Stärke des Tones eingesetzt werden. Mit einem alkoholgetränkten Wattestäbchen kann man alkohollösliche Farben abschwächen oder ganz aus der Fläche herauslösen.

Wasserlösliche Farben werden mit Wasser abgeschwächt oder aquarellähnlich verändert.

Weiße Stellen kann man mit flüssigem Abdeckfilm erzeugen. Deckende Gouache oder Tempera dient zum Aufmalen von Spitzlichtern und Spiegelungen. Die Gouache kann aber auch zum Abschwächen dunkler Farbstellen eingesetzt werden. Ausgehend von der Technik des aquarellartigen Vermalens gibt es weitere interessante Mischtechniken, die mit Markern gemalten Bildern besondere Wirkung verleihen.

„Obstschale" 35 x 52 cm

Um fließende Farbübergänge darzustellen, wurden die wasserlöslichen Filzstifte zum Teil wieder mit Wasser angelöst und aquarelliert.

„Blumenstilleben" 35 x 55 cm

Für dieses Motiv kamen verschiedene Techniken zum Einsatz. Die weißen Bildstellen wurden durch Aussparen mit Rubbelkrepp erzeugt. Die aquarellartigen Effekte kamen durch das Vermalen mit Wasser zustande. Dieses Bild verdeutlicht sehr gut die Wirkung der Filzstifte und Marker in Kombination mit anderen Techniken.

Das Aquarellieren

Marker und Filzstifte können aquarellartig vermalt werden. Marker mit Farben auf Alkoholbasis müssen dazu mit Alkohol verdünnt werden. Dies setzt große Erfahrung in der Technik voraus und gelingt nicht immer. Aus diesem Grund beschränke ich mich bei meiner Ausführung auf wasservermalbare Farben. Sie sind ungiftig und können auf fast allen Untergründen verdünnt werden. Die meisten Farben lösen sich auch in getrocknetem Zustand mit Wasser sehr leicht wieder an. Andere sind nach dem Vermalen mit Wasser noch als schwacher Strich zu erkennen.

Beim Aquarellieren mit Markern müssen Sie auf die Qualität des Papiers achten. Am besten verwenden Sie Aquarellpapiere. Die Oberfläche muß fest und nicht zu rauh sein, und das Pigment der Farbe darf darauf nicht ausbluten. Es gibt gute Aquarellpapiere, die diese Eigenschaften besitzen. Auf dünnen Markerpapieren können Sie nicht aquarellieren. Sie weichen schon beim ersten Wassertropfen durch. Zum Aquarellieren mit der hochpigmentierten Markerfarbe empfehle ich Ihnen Pinsel mit Synthetikhaaren. Damit läßt sich die Farbe am besten vermalen. Zum Auswaschen der Pinsel sollte immer genügend Wasser bereit stehen.

Verwendet man Farben, die sich auch noch nach dem Trocknen wieder vollständig anlösen, kann ein Bild vor Ort farblich vorskizziert und später im Atelier weiter bearbeitet werden. Diesen Vorgang nennt man auch „Nachaquarellieren".

Man beginnt, ähnlich wie mit Aquarellfarben, immer mit dem hellsten Farbton und beendet den Auftrag mit dem dunkelsten.

Bei diesem Farbauftrag zeigt sich die Ähnlichkeit der beiden Techniken am deutlichsten. Eine Kombination von Marker- und Aquarellfarben ist somit jederzeit möglich und erschließt neue Möglichkeiten bei der Gestaltung eines Bildthemas.

Abhängig von der verwendeten Farbe lassen sich verschiedene Aquarelleffekte erzielen. Das Ergebnis kann durch die Lösbarkeit der Farbe auf dem Papier unterschiedlich ausfallen. Ich empfehle einem Anfänger wasserlösliche Farben. Sie können ohne großen Aufwand und ohne Lösungsmittel mit einem Pinsel aquarellartig vermalt werden.

„Blumenstrauß" 35 x 48 cm

Die Farbe der wasserlöslichen Filzstifte wurde direkt nach dem Auftrag mit Wasser vermalt. Die verschiedenen Töne flossen ineinander. So enstand der Eindruck eines Aquarells.

Schritt-für-Schritt-Übung

Für diese Übung habe ich wieder ein Landschaftsmotiv gewählt. Die fast expressive Darstellung reizt die Möglichkeiten dieser Technik vollständig aus. Die verschiedenen Farben wurden sehr stark mit Wasser auf dem Papier verdünnt, damit sie gut ineinander laufen können. Das benutzte „Montval" Aquarellpapier nimmt die wasserlöslichen Farben des Markers sehr gut auf und unterstützt den aquarellartigen Charakter. Wie bei allen Aquarelltechniken wird die Farbe von Hell nach Dunkel aufgetragen. Dunkle Farbaufträge können Sie nicht wieder aufhellen.

Material

Verschiedene Pinsel und Wasser zum Verdünnen und Auswaschen. Kräftiges Aquarellpapier.
Farben: Schwarz, Hellgrün, Lichter Ocker, Hellblau, Dunkelblau, Olivgrün, Dunkelgrün, Tannengrün, Braun.

1 *Zeichnen Sie das Motiv mit einem mittelweichen Bleistift in seinen Konturen auf das Papier. Malen Sie dann die verschiedenen Farbtöne in groben Zügen auf das Aquarellpapier. Die Farbe sollte das Papier nicht ganz abdecken. Beginnen Sie mit dem hellen Grün für die Baumgruppe und setzen Sie darauf weitere dunklere Grüntöne, z.B. Olivgrün und Grüne Erde sowie Lichter Ocker. Abschattungen, wie Sie sie am Blau des Wassers erkennen können, übermalen Sie immer mit einem dunkleren Farbton.*

2 *Sofort nach dem Markerauftrag vermalen Sie die Farbe mit einem großen Pinsel und reichlich Wasser. Wie Sie erkennen können, laufen die Farben sehr stark ineinander. Durch die hohe Pigmentierung der Farbe, müssen Sie den Pinsel immer wieder gründlich auswaschen, sonst werden die anderen Farbtöne verschmutzt. Achten Sie darauf, daß die Farbe nicht in die weißen Motivteile läuft.*

3 Verwenden Sie bei diesem Schritt dunkle Farbtöne, um die Baumgruppe hervorzuheben. Zuerst tragen Sie Dunkelgrün auf, das Sie sofort aquarellieren. Wenn diese Farbe getrocknet ist, wird sie mit Tannengrün nochmals übermalt. Danach setzen Sie mit Dunkelbraun in den Bäumen und am Wasser weitere Schattenpunkte. Auch dieser Farbauftrag wird wieder aquarelliert.

4 Nachdem die Farbe auf dem Papier gut getrocknet ist, malen Sie mit einem schwarzen Stift die Äste und weitere Schattenpunkte in die Baumgruppe. Durch den Farbauftrag des dunklen Grüns und das mehrmalige Ineinanderaquarellieren ist dieser Bereich des Bildes nochmals nachgedunkelt. Solche Effekte können für die endgültige Farbgebung sehr reizvoll sein.

Die Kombination mit Aquarellfarben

Mit Markern und Filzstiften kann man nicht nur aquarellieren, sie lassen sich auch sehr gut mit Aquarellfarben kombinieren. Man kann nachträglich einzelne Bildelemente mit Aquarellfarbe überarbeiten oder diese Technik schon von Anfang an in die Bildgestaltung einbeziehen. Am einfachsten sind sogenannte monochrome Arbeiten, die dann nachträglich mit Aquarellfarbe koloriert werden.

Voraussetzung dafür sind alkoholhaltige Marker, deren Farbe wasserfest (=permanent) auftrocknet. Wasserlösliche Farben verlaufen durch Wasserzugabe auf dem Papier und vermischen sich mit der Aquarellfarbe. Mit ihnen lassen sich keine akzeptablen Ergebnisse erzielen.

Wer mit dieser Kombination von Techniken arbeiten möchte, sollte auf jeden Fall einige permanente Marker in dunklen Farbtönen vorrätig haben.

Es gibt mehrere Möglichkeiten, mit dieser Technik umzugehen. Sie können z. B. das Motiv von Anfang an mit einem schwarzen oder bunten Stift auf weißem Aquarellpapier gestalten. Danach wird dann das Motiv mit Aquarellfarbe koloriert.

Eine andere Möglichkeit ist die der Untermalung und meint nichts anderes als das farbliche Gestalten einer Szene. Dazu entwerfen Sie mit einem Bleistift das Motiv und kolorieren es dann mit Aquarellfarbe. Nach dem Trocknen wird das Motiv mit einem schwarzen permanenten Stift nachgezogen, um es deutlicher hervorzuheben. Übermalungen mit Markern geben dem Motiv zusätzlich räumliche Tiefe und verstärken die Farben.

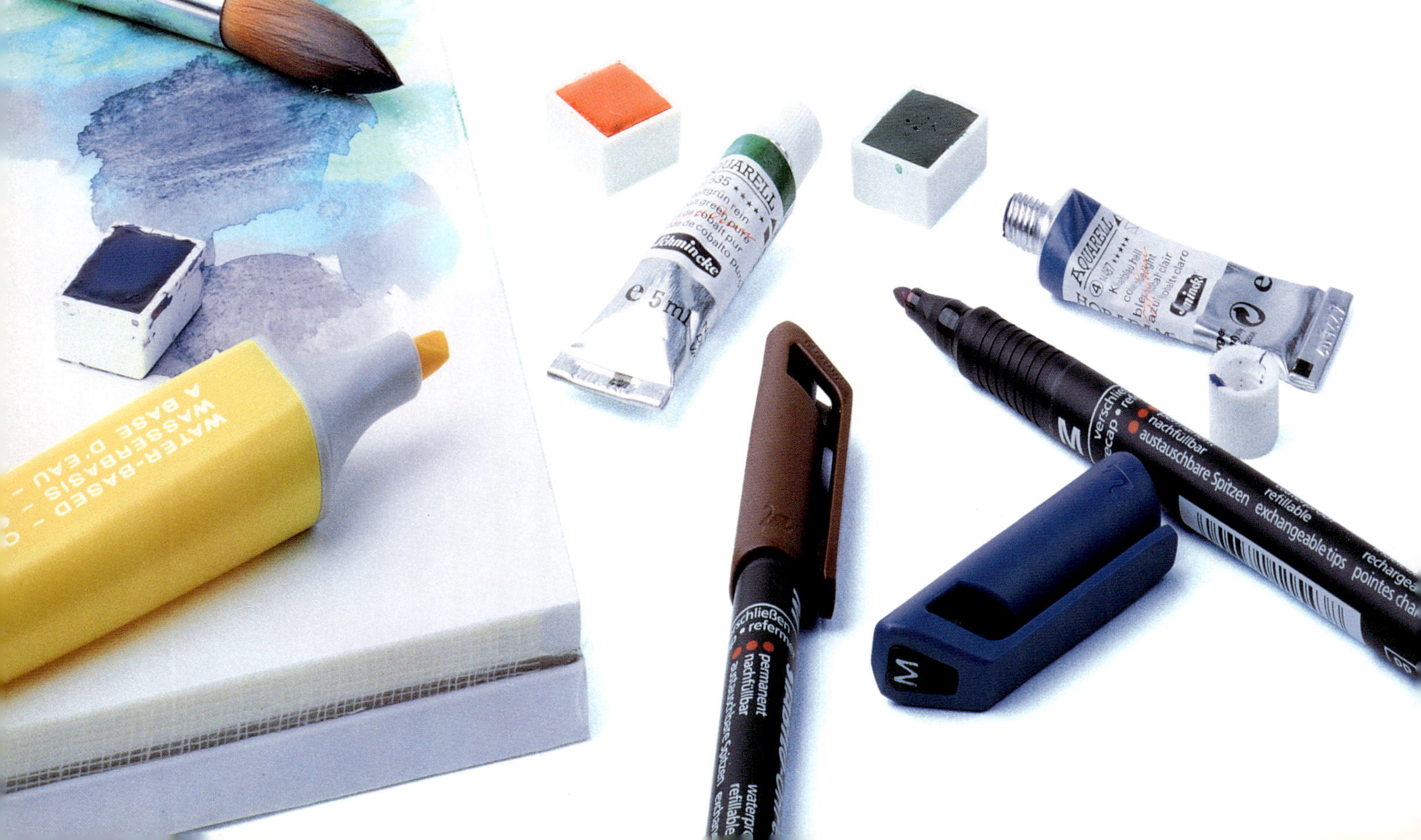

Leuchtturm

Bei diesem Motiv entstand die Ausgangszeichnung mit einem schwarzen Filzstift. Auf Umrandungen oder abgrenzende Striche wurde bewußt verzichtet. Dieser Effekt ist deutlich am Leuchtturm und an den Häusern zu erkennen. Die Kontraste zwischen Hell und Dunkel sind jetzt stark ausgeprägt. Durch die Aquarellfarbe werden die weißen Töne des Papiers weiter abgegrenzt, wodurch eine stark kontrastreiche Zeichnung entsteht. Die Spiegelungen und Lichtakzente werden durch den weißen Grundton des Papiers erzeugt.

Schritt-für-Schritt-Übung

Die Kombination mit Aquarellfarben

Eine ebenso leichte, wie eindruckvolle Aquarelltechnik ist das Voraquarellieren. Dabei wird auf ein stabiles Aquarell-Büttenpapier mit Aquarellfarbe vorgemalt. Man kann das Motiv in der Granulier-, Naß-in-Naß- oder der Verlaufstechnik leicht andeuten. Hier darf und sollte der Künstler das gesamte Spektrum der Aquarelltechnik einsetzen. Nach dem Trocknen malen Sie dann mit dem Marker das Motiv auf die bereits vorhandene Farbe. Es kann sehr grob angedeutet oder detailreich ausgeschmückt werden. Danach verstärkt man nochmals einige Farbflächen mit Aquarellfarbe. Bei diesem Motiv wurden die Schatten und die Körper der Pferde mit verschiedenen Brauntönen weiter hervorgehoben. Das dezente Blau des Himmels blieb unberührt stehen. So ist eine sehr spontane Szene entstanden, die einer kolorierten Tuschezeichnung ähnelt.

1 Beginnen Sie mit einer Vorzeichnung. Es genügt die Darstellung der Motivumrisse. Danach setzen Sie die Aquarellfarbe ein. In diesem Beispiel wurden verschiedene Grün- und Ockertöne vermischt. Der Hintergrund wird durch ein helles Blau angedeutet. Verwenden Sie für diese Arbeiten einen großen Pinsel. Die Farbtöne können ineinanderlaufen und sollten nicht zu stark hervortreten.

2 Mit dem gleichen Pinsel tragen Sie jetzt dunklere Farbtöne über die bereits vorhandenen auf und gestalten damit die Pferdekörper. Achten Sie besonders auf die Lichtverhältnisse und sparen Sie bei den Schatten nicht mit Farbe.

3 Nach dem Trocknen der Aquarellfarbe malen Sie mit einem permanenten schwarzen Stift die Umrisse des Motives nach. Die Linienführung darf dabei ruhig aufgebrochen werden. Arbeiten Sie wie bei einer schnellen Skizze.

4 Um die räumliche Tiefe des Motives zu verstärken, können Sie nun mit wasservermalbaren Markern weitere dunkle Farbtöne auftragen. Bei diesem Motiv wurden damit die Schattenverhältnisse verstärkt, zu erkennen am Schatten der Pferde auf dem Boden und an ihren Körpern. Wichtig ist dabei nur, daß Sie immer die dunkleren Töne über die helleren legen.

Das Aussparen mit Abdeckfilm und Rubbelkrepp

In einem der vorhergehenden Kapitel haben Sie erfahren, wie weiße Flächen durch Stehenlassen und Freihalten des Papiertones erzeugt werden können.

Eine weitere effektvolle Technik ist das Aussparen und Stehenlassen des Papiertones durch flüssigen Maskierfilm. Die gummiartige Masse wird mit einem Pinsel aufgetragen und kann nach dem Trocknen mit Markern übermalt werden. Nach Beendigung der Arbeiten rubbelt man den Gummifilm, auch „Rubbelkrepp", einfach ab, das Papier scheint wieder durch. Dieses kann man frei stehen lassen oder weiter mit Farbe überarbeiten.

Gerade bei aquarellartigen Techniken, bei denen das Wasser die Farben leicht unkontrollierbar macht, ist diese Technik ein wirkungsvolles Hilfsmittel. Es lassen sich so auch kleinste Details aussparen.

Bei Übermalungen mit dunkleren Tönen kann man auf diese Weise die Farbe schützen. Diese Technik ist allerdings nur auf kräftigen Papiersorten möglich.

Optimal sind Aquarellpapiere von mindesten 200 g/qm und stärker. Dünne Papiere oder Markerpapiere weichen beim Auftrag von flüssigem Maskierfilm durch oder zerreißen, wenn der Film entfernt wird.

Statt des flüssigen Maskierfilms kann man auch weiße Wachsmalstifte oder Ölpastelle verwenden. Diese lassen sich später allerdings nicht mehr entfernen. Der glänzende Auftrag kann beim Betrachten des Bildes störend wirken.

Tip

Damit der Pinsel durch den Abdeckfilm nicht beschädigt wird, sollte man vor Beginn der Arbeit die Pinselhaare mit Kernseife benetzen. Danach läßt sich die Masse sehr leicht mit lauwarmem Wasser und Kernseife wieder auswaschen. Pinsel aus Synthetikhaaren sind sehr widerstandsfähig und halten der Belastung länger stand.

„Im Garten" 30 x 45 cm

Die weißen Stellen im Motiv wurden nach der Bleistiftskizze mit Rubbelkrepp abgedeckt. So konnte die Farbe nicht in das Papier eindringen. Durch das Aussparen des Papiertones entsteht ein kräftiges Weiß.

Schritt-für-Schritt-Übung

Aussparen mit Rubbelkrepp

Für das vorgestellte Motiv empfehle ich Marker mit pinselähnlicher Spitze auf Wasserbasis. Dazu benötigen Sie acht Farbtöne: Kräftiges Gelb, Sandfarbe, Mittelrot, Dunkelrosa, Hellblau, Dunkelblau, Olivgrün, Blaßgrün.

1 Skizzieren Sie das Motiv mit einem mittelharten Bleistift in groben Zügen vor. Nehmen Sie eine Pinselspitze mit flüssigem Abdeckfilm und bestreichen Sie damit die im späteren Motiv hell oder weiß erscheinenden Stellen.

2 Nach dem Trocknen des Abdeckfilmes können Sie das Motiv wie gewohnt ausarbeiten. Das Papier wird durch den Film geschützt und die Farbe kann nicht in das Papier eindringen. Es kommt vor, daß sich die Farbe auf der abgedeckten Fläche sammelt. Sie läßt sich problemlos mit einem Küchentuch entfernen.

3 Beginnen Sie mit den hellsten Farben, auf die dann die dunkleren Töne aufgetragen werden. Deutlich sind die Stellen zu erkennen, auf die der Abdeckfilm aufgetragen wurde.

4 *Nachdem Sie die farbliche Komposition in ihren Grundzügen aufgebaut haben, wird die Farbe mit Wasser aquarelliert. Es ist deutlich zu erkennen, wie die Farben ineinanderlaufen und ausbluten. Die Stellen, die durch den Abdeckfilm geschützt sind, nehmen keine Farbe auf.*

5 *Nach dem Trocknen der aquarellierten Farbe rubbeln Sie den Abdeckfilm vorsichtig von der Papieroberfläche. Die weißen Blütenblätter sind nun deutlich zu erkennen. Bei der Überarbeitung des Motivs wurden einige weiße Stellen in den Blüten mit einem hellen grauen Farbton abgeschwächt und die Schatten weiter verstärkt.*

Die Kombination mit Gouache

Die Markertechnik hat den Nachteil, daß man helle Farbtöne nicht über dunkle legen kann. Bestimmte Weißtöne lassen sich von Anfang an nur sehr schwer in ein Bild einbauen.

Zwar kann man mit Abdeckfilm oder Aussparen einzelner Motivteile schon einiges erreichen, aber bei filigranen Abbildungen hält dies unnötig auf und ist zum Teil auch unmöglich. Um hellere Töne auf den Markerfarben zu erzeugen, muß man eine zusätzliche Technik anwenden. Am gebräuchlichsten und einfachsten ist die Übermalung mit Gouachefarbe. Diese Technik nutzt die deckende Eigenschaft der Gouachefarbe. Sie läßt sich mit alkohol- und wasserlöslichen Markertypen gleich gut kombinieren.

Die Gouachefarbe hat einen besonders gleichmäßigen und deckenden Auftrag. Sie trocknet innerhalb weniger Minuten zu einer samtartigen und matten Oberfläche auf. Somit fällt der Unterschied zwischen Marker und Gouachefarbe nur bei näherem Betrachten eines Bildes auf.

Meist kann der Künstler erst am fast fertigen Bild erkennen, wo noch helle oder dunkle Punkte notwendig sind. Gerade bei detailreichen Motiven kann die Verbindung zwischen Markern und Gouachefarbe von Nutzen sein. Durch die Verwendung von Deckweiß lassen sich nachträglich weiße Akzente in ein Bild einfügen. Fehlerhafte Stellen können übermalt oder kräftigere Töne hervorgehoben werden.

Bei Markern auf Alkoholbasis kann diese Technik ganz unproblematisch verwendet werden, da sich die Farben durch den Wassergehalt der Gouache nicht auflösen können.

Mit wasserlöslichen Markern muß man etwas vorsichtiger umgehen. Der Farbenhersteller Schmincke bietet ein Deckweiß für blutende Farben an, das wasserlösliche Marker und Filzstifte nicht so leicht anlöst.

Am besten fixiert man Farben, die zum Verlaufen neigen, mit einem Mattlack, der sehr dünn aufgesprüht wird. Die so fixierte Farbe löst sich schwerer an, und die Gouache kann sich nicht mehr mit den darunterliegenden Schichten vermischen.

„Die Waldlichtung" 24 x 36 cm

Mit Markern und Filzstiften kann man keine hellen Farben über dunkle malen. Aus diesem Grund wurden bei diesem Motiv die hellen Töne mit Gouache auf die Markerfarben gesetzt. Es entstand eine leuchtende Farbkomposition.

Schritt-für-Schritt-Übung

Die Kombination mit Gouache

1 Bei dieser Malweise wird das Ausgangsmotiv mit alkohollöslichen Markern auf ein stabiles Papier skizziert. Das Beispiel zeigt eine Szene am Strand, die vor Ort sehr schnell entstanden ist. Im Atelier war diese Skizze die Ausgangsbasis für weitere Schritte. Man kann sehr schön erkennen, daß sich das Motiv in einem Anfangsstadium befindet und weiter bearbeitet werden muß.

2 Damit die Szene plastisch und lebendig wird, habe ich damit begonnen, die Lichtseite der Figuren und der Gegenstände mit heller und weißer Gouachefarbe auszumalen. Lichtreflexe wurden mit Deckweiß aufgetragen. Diese Farbe habe ich auch für die Wellen des Wassers benutzt. Helligkeitsabstufungen erzielt man durch Verdünnen mit Wasser. An diesem Detail können Sie deutlich erkennen, wie sich die Komposition verändert.

3 Wie man mit dieser Technik umgehen kann, verdeutlicht Ihnen das fertige Motiv. Das Bild wirkt jetzt lebendig und hat die nötige Tiefe. Tragen Sie die Gouache immer von Dunkel nach Hell auf. Lassen Sie verdünnte Farben gut antrocknen, damit die nachfolgenden Schichten nicht ausbluten (verlaufen) können.

Tip

Obwohl diese Technik auch mit wasserlöslichen Farben gelingt, erzielt man mit alkoholhaltigen Markern bessere Ergebnisse. Wasserlösliche Marker und Filzstifte sollten zuvor leicht fixiert werden, damit sie nicht ausbluten und verlaufen können. Die einzelnen Farbschichten der Gouachefarben sollten immer trocken sein, bevor weitere Schichten aufgetragen werden.

Monochrome Skizzen

Das Malen mit Markern und Filzstiften ist nicht nur auf die farbliche Darstellung beschränkt. Es gibt Motive, die man besser als „monochrome Zeichnung" anlegt. Monochrom bedeutet: mit einer Farbe malen. Allerdings ist das auch nicht die korrekte Bezeichnung. Denn die verschiedenen Grautöne der Marker haben immer auch rötliche und bläuliche Farbanteile, die bestimmte Effekte erzeugen. Die Gestaltung mit nur einer Farbe, in der Regel mit verschiedenen Grauabstufungen, hebt eine Szene besser hervor als eine bunte Ausarbeitung.

Grautöne werden von den Herstellern in unterschiedlichen Sortierungen angeboten. So gibt es bei einigen nur sechs und bei anderen über 20 verschiedene Töne.

In der Regel reichen aber fünf warmgraue und fünf kaltgraue Töne aus, um die gewünschten Effekte zu erhalten. Dabei ist zu beachten, daß Warmgrau immer etwas rötlich scheint und kaltgraue Töne immer einen blauen Grundton besitzen.

Diese Technik eignet sich besonders zur Darstellung von architektonischen Motiven. Damit können die verschiedenen Schattierungen der detailreichen Szenen dargestellt werden. Eine farbliche Kolorierung lenkt von solchen Details meist ab.

Aber auch Landschaften und andere Abbildungen können in verschiedenen Tonabstufungen wiedergegeben werden und erhalten dadurch einen besonderen Reiz.

„Kirche von Wasserburg" 25 x 36 cm

Architekturstudien wie die Kirche von Wasserburg am Bodensee verdeutlichen die kraftvolle Wirkung einer monochromen Zeichnung eindrucksvoll. Die Beschränkung auf wenige Tonwerte kombiniert mit dem Weiß des Papiers trägt zur Klarheit des Bildes bei. Mit einem schwarzen Filzstift wurden die Umrisse und Details der Motive gemalt. Für die Ausarbeitung der Tonwerte wurden verschiedene Grautöne eingesetzt.

Schritt-für-Schritt-Übung

Monochrome Skizzen

Material

Aquarellpapier „Montval" von Canson.
Farben: Schwarz und verschiedene Grautöne: Hellgrau blau, Mittelgrau, Hellgrau warm, Mittelgrau warm, Hellgrau kalt.

1 Mit einem schwarzen Marker malen Sie bei dieser Übung zuerst das Boot im Vordergrund. Danach gestalten Sie den Schattenwurf des Bootes und malen die Baumäste.

2 Stellen Sie sich die verschiedenen Farben als Graustufen vor und beginnen Sie mit dem dunklen Grauton. Bei diesem Beispiel wurden damit die Baumgruppe im Hintergrund, die Blätter an den Ästen und das Gestrüpp im Vordergrund des Motivs gemalt.

3 Mit einem helleren Grauton werden die Spiegelungen der Bäume auf dem Wasser angedeutet. Den gleichen Farbton verwendet man für die Blätter und das Gestrüpp. Mit einem hellen Grauton, der kaum zu erkennen ist, werden auf das Wasser weitere Spiegelungen aufgesetzt.

4 Für solche Übungen können gute Schwarz-Weiß-Fotos als Vorlage dienen. Aus ihnen können Sie die einzelnen Farbabstufungen als Grautöne besser erkennen. Tonabstufungen leben auch hier von den Hell-Dunkel-Kontrasten der Vorlage. Je kontrastreicher ein Motiv ist, desto plastischer wirkt es. Im Idealfall kommt man mit wenig Zwischentönen aus und legt das Hauptaugenmerk auf Schwarz und Weiß. Die starken Kontraste der Schatten, die das Boot wirft, macht es zum Bildmittelpunkt. Für die Szene wurden warme und kalte Töne eingesetzt.

Die Kombination mit Pastellfarben

Die wohl außergewöhnlichste Zusatztechnik ist das Übermalen der Marker und Filzstifte mit Pastellfarbe. Mit dem Pastellpigment können große Flächen, aber auch kleine Details farblich verändert werden. Wie Sie sicherlich schon bemerkt haben, lassen Marker kaum zarte Farbübergänge und Tonwertabstufungen zu. Zwar läßt sich mit aquarellartigen Techniken einiges erreichen, aber viele Motive wirken durch den flächigen Farbauftrag einfach zu grob. Mit Pastellfarbe können Sie abgestufte und sehr feine Farbübergänge erzielen. Ähnlich wie bei der Gouache wird die Markerfarbe auch hier mit Pastellfarbe übermalt. Allerdings sollte man die Pastellfarbe immer zum Schluß einer Arbeit auftragen.

Die feuchten Markerfarben würden das trockene Pastellpigment verschmieren und es würde an der Malspitze festkleben. Pastellfarbe, die man zu stark aufgetragen hat, läßt sich mit einem Knetgummi wieder entfernen.

Für diese Technik können Sie das dünne Marker- oder Layoutpapier benutzen. Stärkere Papiere, wie Aquarell- oder Bristolkarton, sind natürlich widerstandfähiger und lassen dem Maler einen größeren technischen Spielraum.

Pastellfarbe kann, muß aber nicht fixiert werden. Damit wasserlösliche Markerfarben durch das Fixativ nicht ausbluten, sollten Sie vor dem Pastellauftrag mit Mattlack geschützt werden.

Dieses Motiv habe ich mit einem schwarzen, permanenten Marker schnell skizziert. Die Farbpunkte wurden durch Pastellstifte und Kreiden eingesetzt. Der grobe Auftrag verleiht der Szene die nötige Spannung. Die skizzenhafte Darstellung läßt das Bild lebendig wirken.

Die Ausgangskomposition für diese Szene basiert auf einem rasch kolorierten Scribble. Für den ersten farblichen Eindruck habe ich wasserlösliche Filzstifte eingesetzt, die mit Mattlack vor dem weiteren Übermalen geschützt wurden. Das Scribble wirkte in diesem Stadium noch etwas flach und unbeholfen. Um das besondere weiche Blau des südlichen Himmels darzustellen, wurde auf die Pastelltechnik zurückgegriffen. Mit Markern könnte man den zarten Verlauf der Farben nicht darstellen.

Die eingesetzte Technik ist denkbar einfach. Man reibt auf ein Papiertuch etwas blaue Pastellfarbe und wischt damit vorsichtig, ohne Druck, über das Papier. Das Pastellpigment darf auf der glatten Papieroberfläche nicht mit den Fingern verwischt werden. Es könnten Kratzer oder Fingerspuren entstehen, die das Ergebnis beeinflussen. Bei direktem Farbauftrag sollte man den Pastellstrich stehen lassen. Ein Verwischen mit den Fingern würde, durch die starke Pigmentierung der Pastellfarbe, den Markerstrich überdecken.

Reparaturen und Fehlerkorrektur

Weil des Malen mit Markern eine sehr unmittelbare Technik ist, lassen sich Fehler nur sehr schlecht korrigieren. Es gibt jedoch zwei Möglichkeiten der Fehlerkorrektur, die erfolgversprechend sind. Beide Techniken besitzen ihre Vor- und Nachteile und sollten nur im Notfall eingesetzt werden. Die eine Technik macht sich die Übermalbarkeit der Markerfarbe zunutze, bei der anderen wird, ähnlich einem Puzzle, die fehlerhafte Stelle überklebt.

Wie Sie inzwischen wissen, lassen sich die Farben der Marker am besten mit Gouache übermalen und abdecken. Ich habe die Erfahrung gemacht, daß man kleinere Fehler mit einem dunklen Markerton überdecken und dann die fehlerhafte Stelle mit Gouachefarbe weiterbearbeiten kann. Im nebenstehenden Beispiel (Seite 61) wurde die Szene abgeändert und mit einem schwarzen Farbton übermalt. Danach habe ich die Blumen mit Gouache aufgemalt. Die fehlerhafte Stelle ist nicht mehr zu erkennen. Diese Reparaturtechnik ist für Bilder geeignet, die später noch ausgestellt werden sollen. Durch das Übermalen bleibt die Bildkomposition im Ganzen erhalten und wird nicht aufgebrochen.

Die andere Technik ist ebenso einfach, zerstört aber den Gesamteindruck der Komposition. Aus diesem Grund empfehle ich sie nur für Arbeiten, die später reproduziert werden sollen. Sie benötigen bei dieser Vorgehensweise etwas Geschick, die Resultate sind meist annehmbar. Man paust die fehlerhafte Stelle ab und malt sie auf einem separaten Papier neu.

Danach wird das das Motiv sorgfältig ausgeschnitten und auf die mißlungene Stelle geklebt.Durch die sorgfältige Überarbeitung mit den gleichen Farbtönen ist das eingeklebte Papier kaum zu erkennen.

Dünne Markerpapiere müssen Sie immer mit einem etwas dickeren Papier überkleben, da sich Markerpapiere von der gleichen Sorte beim Verkleben wellen. Bei der Verwendung von wasserlöslichen Farben dürfen Sie keinen wasserhaltigen Kleber benutzen. Dieser Klebstoff löst die Farben und läßt sie ausbluten.

Bei diesem Motiv wurde anfangs der Höhenunterschied der Schaufensterverkleidung nicht beachtet. Ein Übermalen mit dunkelblauer Farbe war nicht möglich, da sich die wasserlösliche Farbe mit der bereits aufgetragenen vermischt hätte. Ein Übermalen mit Gouache hätte hier den Gesamteindruck der Szene zerstört. Die fehlerhafte Stelle wurde mit Aquarellpapier überklebt und mit den gleichen Farbtönen übermalt. Nach der Ausbesserung und Fertigstellung des Bildes ist der Fehler nicht mehr zu erkennen.

Schritt-für-Schritt-Übung

Für diese Übung benutzen Sie am besten alte Markerzeichnungen, die Ihnen nicht mehr gefallen. Diese können Sie dann in der beschriebenen Art und Weise korrigieren und verändern.

2 Die fehlerhafte Stelle wird nun mit Gouachefarbe übermalt. Ich habe mich für eine Weiterführung des Blumenfeldes entschieden. Dies macht die Szene geschlossener. Die Farbe wird etwas mit Wasser verdünnt und dann in übereinanderliegenden Punkten und Strichen aufgetragen, bis der Fehler nicht mehr zu erkennen ist. Dabei darf der schwarze vorbehandelte Untergrund noch leicht hervorscheinen. Die dunkle Farbe kann in die Korrektur mit einbezogen werden. In der endgültigen Fassung wirkt das Bild wesentlich harmonischer.

1 Die Steine im Vordergrund ziehen den Blickpunkt zu stark auf sich und machen die gesamte Komposition sehr unruhig. Aus diesem Grund habe ich mich für eine Änderung der Szenerie entschieden. Zuerst wurde die fehlerhafte Stelle mit schwarzer alkohollöslicher Farbe übermalt. Die vorher mit weißer Gouache angelegten Lichtspiegelungen der Steine sind jetzt noch als helle graue Punkte zu erkennen. Dies ist nicht weiter schlimm, sie werden durch den weiteren Farbauftrag überdeckt.

Die Lagerung und Präsentation der Bilder

In der Regel sind die verwendeten Farbpigmente der Marker und Filzstifte nicht lichtecht. Zwar wurden in den letzten Jahren bei der Entwicklung von Farbstoffen große Fortschritte gemacht, doch viele Hersteller benutzen für ihre Produkte immer noch lichtempfindliche Pigmente.

Aus diesem Grund verblassen die Farben einiger Hersteller sehr schnell, wenn man sie längere Zeit dem direkten Sonnenlicht aussetzt. Das muß jedoch nicht sein, wenn man ein paar Grundregel beherzigt und die Arbeiten von Anfang an schützt.

Lagern Sie Bilder, die mit wasserlöslichen Farben gemalt wurden, in stabilen Mappen. Schützen Sie die Oberfläche der Zeichnung mit Pergamentpapier.

Halten Sie die Bilder staubfrei und setzen Sie sie keinen großen Temperaturschwankungen aus. Mattfirnisse für Zeichnungen und Grafiken mit UV-Schutz können einen zusätzlichen Oberflächenschutz bieten. Bei Farben auf Wasserbasis muß man den Schutzfilm sehr vorsichtig auftragen, damit die Farbe nicht ausblutet oder verläuft. Wenn Sie ihr Werk ausstellen möchten, muß es hinter Glas gerahmt werden. Dabei sollten Sie bei wasserlöslichen Farben darauf achten, daß die Bildoberfläche nicht direkt auf dem Glas liegt. Feuchtigkeit kann zwischen das Glas und das Bild gelangen und die Farben verlaufen. Ein zurechtgeschnittener und zwischen Bild und Glas gelegter Passepartoutkarton sieht nicht nur schöner aus, sondern bietet auch einen dauerhaften Schutz.

Im Fachhandel ist auch sogenanntes „UV-Schutzglas" erhältlich. Es hält die schädlichen UV-Strahlen von der Farbe fern. Aufgrund der hohen Kosten empfehle ich es nur für Ausstellungen mit problematischen Lichtverhältnissen.

Da Aquarellpapiere in der Regel widerstandsfähiger sind als die dünnen Layoutpapiere für Marker, sieht die Arbeit auf einem guten Papier natürlich besser aus. Auch ist die Lagerung eines stabilen Papieres einfacher.

Ich lagere meine Arbeiten in Mappen aus Karton. Zwischen jedes Blatt lege ich ein dünnes Seidenpapier. Die Motivseite liegt immer oben. Weil aufeinanderliegende Blätter durch den Druck verkleben können, lagere ich die Mappen senkrecht stehend in einem trockenen Raum.

Beim Fixieren müssen Sie einen Abstand von mindestens 30 cm einhalten. Bei wasserlöslichen Farben müssen Sie mehrmals in dünnen Schichten darübersprühen. Durch das Fixativ werden die Farben kräftiger. Auf fixierter Farbe läßt sich mit Filzstiften nicht mehr malen.

Tip

Bilder, die mit Markern oder Filzstiften gemalt wurden, niemals der direkten Sonneneinstrahlung aussetzen. Hängen Sie solche Bilder an einen schattigen Platz und benutzen Sie zur Beleuchtung eine diffuse Kunstlichtquelle. Meiden Sie Halogenstrahler, sie lassen die Farben noch stärker verblassen als direktes Sonnenlicht.

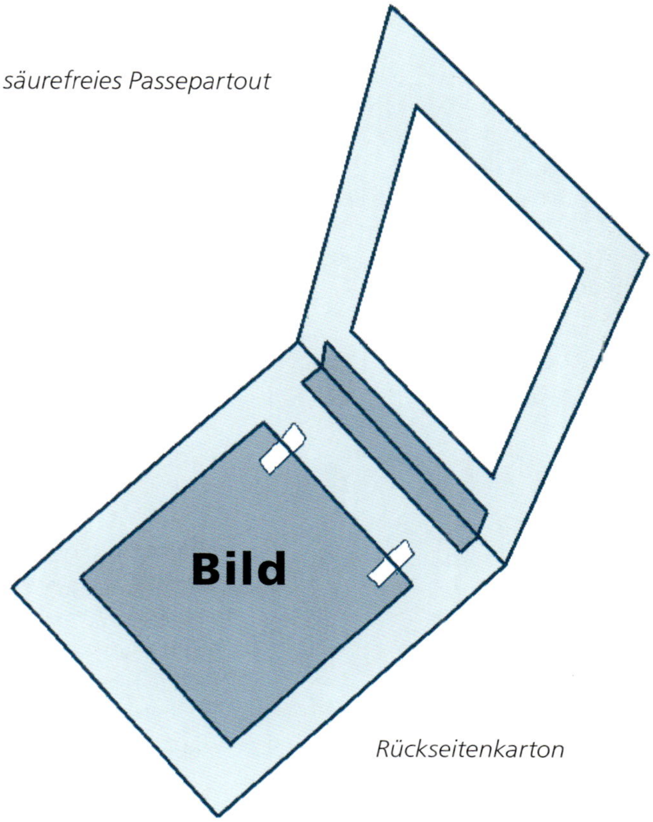

Einfaches Paßsystem für Passepartout

Kleben Sie ein geschnittenes Passepartout mit einem Klebeband oder Papierstreifen auf den Rückseitenkarton. Dazwischen legen Sie das Bild und befestigen es mit Klebestreifen an jeder Ecke. Für diesen Zweck gibt es ph-neutrale Klebebänder, die das Papier und die Farben nicht angreifen. Klebstoffe können die Farbe auflösen und ausbluten lassen! Die vorgestellte Konstruktion eignet sich auch für das Lagern in einer Mappe. In diesem Fall sollten Sie über den Passepartoutausschnitt ein Schutzpapier legen, damit das Bild nicht beschädigt und unbrauchbar wird.

Umschlaggestaltung:
Christa Manner, München
Lektorat: Andrea Müh
Farbfotos, Layout und Satz:
art-studio Bettag, Dudenhofen

AUGUSTUS VERLAG AUGSBURG 1998

Reproduktion: Fotolito Longo, Frangart

Druck und Bindung: Appl, Wemding
Gedruckt auf 135 g umweltfreundliches elementar chlorfrei gebleichtes Papier.

ISBN 3-8043-0476-1
Printed in Germany

Zum Autor

1959 in Speyer geboren
1980 Reprofotograf
1984 freischaffend als Illustrator und Photodesigner
1992 Medienpreisträger
1993 Europäischer Kunstpreis für Malerei

Zahlreiche Ausstellungen, z.B. in Frankfurt, Köln, Hannover, Baden-Baden, Kaiserslautern, Straßburg, Paris und Davos. Arbeiten im öffentlichen und privaten Besitz.

Der Autor arbeitet für verschiedene Kreativ-Magazine als freier Mitarbeiter und ist an der Entwicklung von Produktneuheiten beteiligt. Er ist Dozent mit Lehrauftrag an verschiedenen Institutionen.

Verfasser und Verlag bedanken sich bei Nicole Bettag für ihre Unterstützung.

Für die großzügige Materialunterstützung bedanken sich Verfasser und Verlag bei:

Schwan-Stabilo
Eding
Staedtler
Kreul
Schleicher & Schuell
Lyra
Schmincke-Künstlerfarben

Die Deutsche Bibliothek –
CIP-Einheitsaufnahme
Malen mit Filzstift und Marker :
Material - Techniken - Schritt-für-Schritt-Anleitungen / Franz-Josef Bettag. - Augsburg :
Augustus-Verl., 1998
ISBN 3-8043-0476-1